아득한 옛날에 처음 탄생한 후로
끊임없이 변해 온 지구의 생명체들.
그들이 어떤 원리에 따라 어떻게 변해 왔는지,
찰스 다윈의 진화론을 통해 알아봅시다.

사람은 어디에서 왔을까?

# 다윈의 진화론

박병철 글 | 김고은 그림

지금으로부터 300년 전에 과학자들은 이 세상이 물리 법칙을 따라 움직인다고 굳게 믿었습니다.
누군가가 "앞으로 천 년 후에 목성은 어디쯤 가 있을까요?"라고 물으면
뉴턴의 중력 법칙을 이용해서 아주 정확하게 대답할 수 있었지요.

하지만 누군가가 "저 꽃잎에 앉아 있는 나비는 언제쯤 날아갈까요?"라고 물으면
아무런 대답도 할 수 없었습니다.
나비는 목성과 달리 '생명'을 가진 생명체였으니까요.

그러던 중 1735년에 스웨덴의 카를 폰 린네라는 사람이
무려 1만 7000가지의 동물과 식물을 자세히 관찰하다가
생명체의 종류를 나누는 좋은 방법을 생각해 냈습니다.
'계-문-강-목-과-속-종'으로 불리는 분류법이 바로 그것이지요.
'대한민국-경기도-과천시-상하벌로-110'이라고 하면
우리나라의 그 많은 장소 중에서
'국립 과천 과학관'이라는 단 하나의 장소를 가리키지요.

린네가 생각한 분류법도
주소와 비슷해서
'동물계-척추동물문-
포유동물강-영장목-사람과-사람속-
사피엔스종'이라고 하면 지구에 있는
그 많은 생명체 중에서
'사람'이라는 단 한 종류의 생명체를 가리킨답니다.

린네의 분류법 덕분에 생물학자들은 많은 것을 알게 되었습니다.

예를 들면 '호랑이는 악어보다 다람쥐에 더 가깝다'는 식이지요.

하지만 당시 사람들에겐 종교가 무척 중요했고, 특히 기독교인들은

'태초에 하나님이 모든 생물을 지금과 같은 모습으로 만들었다'고 믿었습니다.

모든 생명체는 처음 만들어진 후로 지금까지 똑같은 모습으로 살아왔고,

앞으로도 영원히 변하지 않는다는 거지요.

1800년대 초에 한 무리의 사람들이 물길을 내기 위해 땅을 파다가
엄청나게 큰 동물의 뼈 화석˙을 발견했습니다.
그전에도 옛날에 살았던 동물과 식물의 흔적이 땅속에서 종종 발견되곤 했는데,
머리부터 발끝까지 온전한 모습으로 발견된 것은 그때가 처음이었지요.
사람들은 커다란 도마뱀처럼 생긴 그 동물을 '공룡'이라고 불렀습니다.
그리고 이때부터 성직자와 생물학자들 사이에 뜨거운 논쟁이 시작되었지요.

● **화석** 땅속에서 발견된 동물이나 식물의 흔적.

● 노아의 방주  성경에 등장하는 인물인 '노아'가 하나님의 계시로 만든 큰 배. 그는 가족과 짐승들을 방주에 태운 덕분에 홍수를 피해 살아남을 수 있었다고 합니다.

이 논쟁에 특별한 관심을 가진 영국인 청년이 있었습니다.
1809년에 부잣집 아들로 태어난 그는 어릴 때부터
공부에는 별 관심이 없고 숲속을 돌아다니면서
자연을 관찰하고 채집하는 것을 좋아했지요.
의과 대학을 2년 다니다가 적성에 안 맞는다며 그만두고,
명문 케임브리지 대학교에서 신학을 공부하다가
또다시 그만둔 못 말리는 청년,
그의 이름은 **찰스 다윈**이었습니다.

집안의 골칫거리 다윈에게 어느 날 좋은 기회가 찾아왔습니다.
자연을 탐사하기 위해 세계 일주를 떠나는 배 '비글호'의 선장이
함께 떠날 사람을 모집한다며 신문에 광고를 낸 것입니다.
다윈은 배를 타게 해 달라고 며칠 동안 아버지를 졸라서 기어이 허락을 받았습니다.
자신이 그토록 좋아하는 자연 관찰과 여행을 한꺼번에 할 수 있었으니까요.
그리하여 1831년 12월 27일, 스물두 살의 다윈은
장차 세상을 발칵 뒤집어 놓을 항해 길에 오르게 됩니다.

망망대해를 건너 비글호가 처음 도착한 육지는 브라질이었습니다. 이곳에서 다윈은 울창한 밀림과 생전 처음 보는 신기한 동물들에게 푹 빠졌는데, 특히 그의 관심을 끈 것은 매머드●의 화석이었습니다. 다윈은 매머드가 멸종한 것은 노아의 홍수 때문이 아니라, 먹이가 부족했거나 추운 날씨 때문이었다고 생각했지요.

● **매머드** 600만 년 전부터 5000년 전까지 유럽과 아프리카, 시베리아 등지에서 살았던 동물. 코끼리와 비슷하게 생겼지만 덩치가 더 크고 엄니가 아주 길지요.

그 후 비글호는 남아메리카 대륙의 해안선을 돌아
태평양으로 접어들었습니다. 다윈은 뱃멀미에 끊임없이 시달리면서도
자신이 채집한 동물과 식물 표본을 꾸준히 영국의 집으로 보냈습니다.
그 덕분에 다윈은 영국에서 점점 유명해지고 있었지만,
정작 본인은 아무것도 모르는 채 배 안에서 연구에만 몰두했지요.

항해를 시작한 지 4년이 지난 1835년의 어느 날, 다윈을 태운 비글호는
태평양에 있는 갈라파고스섬에 도착했습니다.

● 표본  죽은 생물에 특수한 처리를 해서 원래 모습 그대로 보존한 것.

섬에 도착하자마자 다윈의 눈길을
끈 것은 '핀치새'라는 작은 새였습니다.
갈라파고스섬은 크고 작은 여러 섬들로 이루어져 있는데,
각 섬에 사는 핀치새들의 부리가 조금씩 달랐습니다.
먹이를 깨물어서 먹는 핀치새는 부리가 짧고 넓은데,
나무를 쪼아서 먹이를 찾는 핀치새는 부리가 길고 뾰족했지요.
그리고 먹이를 부숴서 먹는 핀치새의 부리는 길고 두툼했습니다.

전부 다 똑같은 핀치새인데, 부리의 모양이 왜 다른 걸까요?
다윈은 그 이유를 곰곰 생각하다가 아주 특별한 생각을 떠올렸습니다.

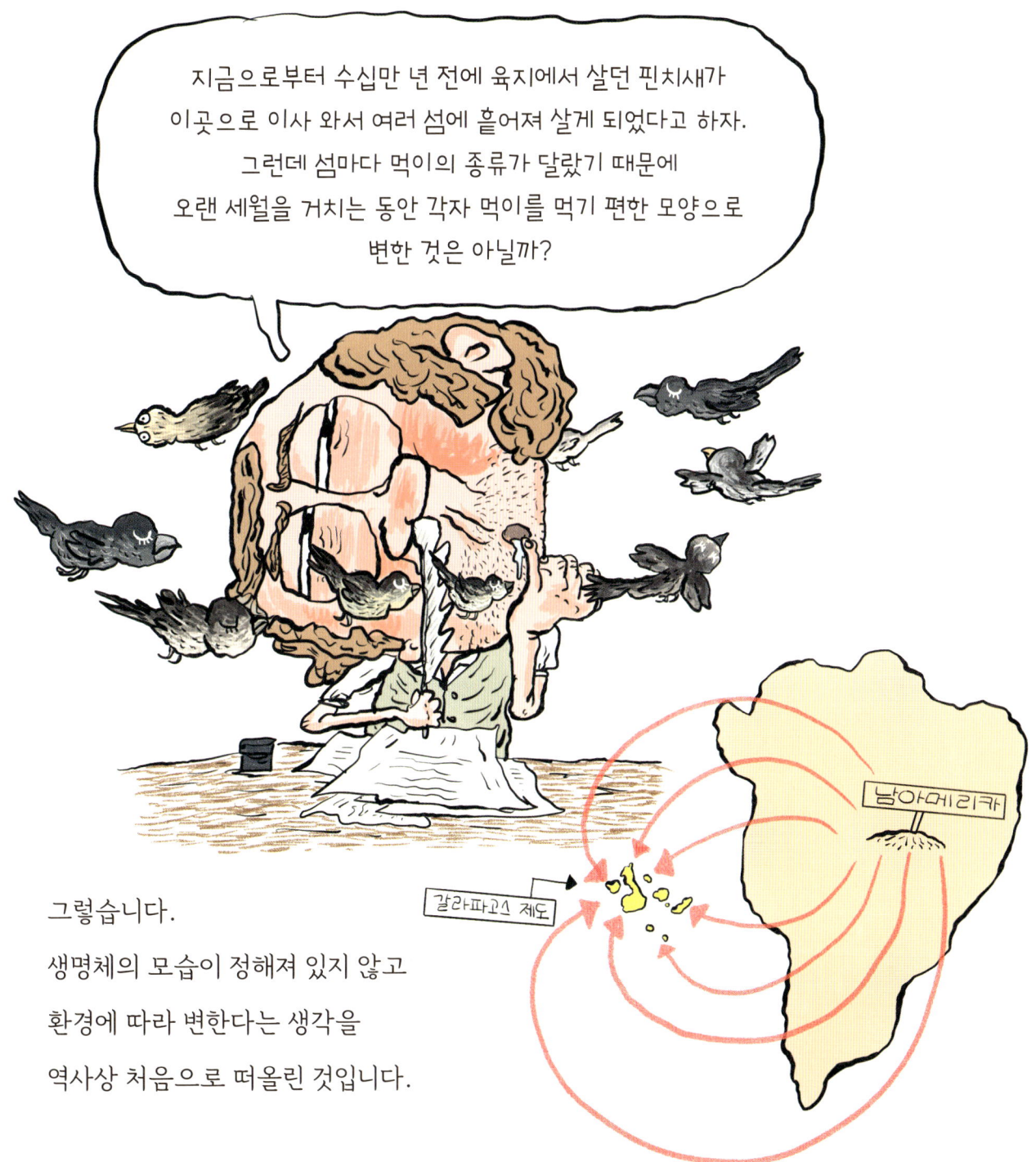

지금으로부터 수십만 년 전에 육지에서 살던 핀치새가 이곳으로 이사 와서 여러 섬에 흩어져 살게 되었다고 하자. 그런데 섬마다 먹이의 종류가 달랐기 때문에 오랜 세월을 거치는 동안 각자 먹이를 먹기 편한 모양으로 변한 것은 아닐까?

그렇습니다.
생명체의 모습이 정해져 있지 않고
환경에 따라 변한다는 생각을
역사상 처음으로 떠올린 것입니다.

1836년에 집으로 돌아온 다윈은 여행 중에 보고 들은 것을 정리하여 《비글호 항해기》라는 책을 냈습니다. 그는 이 책에서 낯선 지역의 동물과 식물 그리고 원주민의 모습을 소개했을 뿐, 생명체의 모습이 변한다는 주장을 펼치지는 않았지요.

그런 책을 썼다간 동료와 성직자들에게 엄청난 비난을 받게 된다는 것을 누구보다 잘 알고 있었기 때문입니다.

그 후 다윈은 거의 20년 동안 동물과 식물들 사이의 관계를 꾸준히 연구하면서 갈라파고스섬에서 떠올렸던 생각을 발전시켜 나갔습니다. 그러던 중 1858년에 앨프리드 윌리스라는 젊은 생물학자가 자신의 생각을 담은 편지를 다윈에게 보내왔습니다. 그런데 놀랍게도 그 내용은 다윈이 20년 동안 생각해 온 것과 거의 똑같았지요. "가만, 이러다가 윌리스가 나보다 먼저 유명해지는 거 아냐?" 위기감을 느낀 다윈은 급하게 연구를 정리하여 다음 해인 1859년 11월에 책으로 발표했습니다.

이렇게 태어난 책이 바로

인류 역사상 가장 유명한 책 중 하나인 《종의 기원》입니다.

이 책에서 다윈은 "세월이 흐르면서 새로운 종류의 동물과 식물이 생겨나고,

이런 변화는 지금도 계속되고 있다"고 주장했습니다.

간단히 말해서, 생명체의 종류가 끊임없이 변한다는 것이지요.

사람들은 그의 이론을 **진화론**이라고 불렀습니다.

동물이 진화하는 방식을 이해하기 위해, 먼 옛날의 아프리카로 가 볼까요?

이곳에서 사자는 새끼 사자를 낳고, 영양은 새끼 영양을 낳습니다.

그런데 새끼들이 하나도 죽지 않고 모두 살아남아서 어른이 된다면

이 세상은 금방 동물들로 가득 찰 것이고,

결국은 먹이가 모자라서 모두 굶어 죽을 것입니다.

그러나 다행히도 이런 일은 일어나지 않습니다.

사자가 영양을 잡아먹기 때문입니다.

그런데 새끼 영양들 중에는 남들보다 잘 뛰는 놈도 있고, 느린 놈도 있습니다.

그 차이는 별로 크지 않지만, 사자에게 쫓길 때는

조금이라도 빨리 뛰는 영양이 느린 영양보다 살아남을 가능성이 높겠지요.

그리고 살아남은 영양들이 어른이 되면 다시 새끼를 낳을 텐데,

그 새끼들은 부모를 닮아서 역시 잘 뛸 것입니다.

이런 식으로 긴 세월이 흐르면 아프리카의 영양은 잘 뛰는 놈들만 남게 됩니다.

사자의 위협 속에서 '무조건 잘 뛰는' 새로운 종으로 진화한 것이지요.

그렇다고 영양들이 사자의 위협에서 벗어난 것은 아닙니다.

느림보 사자는 사냥에 자주 실패하여 굶어 죽을 가능성이 높기 때문에,

오랜 세월이 지나면 사자들 사이에서도 잘 뛰는 놈만 살아남게 되지요.

사자와 영양은 이런 식으로 오랜 세월 동안 '목숨을 건 달리기 경주'를 벌이면서

옛날보다 훨씬 잘 뛰는 종으로 진화해 왔습니다.

자연은 정말로 피도 눈물도 없이 냉혹한 곳이어서,

환경에 제대로 적응하지 못한 동물은 곧바로 사라져 버립니다.

그래서 과학자들은 동물의 생존 여부를 자연이 선택한다고 하여,

다윈의 이론을 '자연 선택에 의한 진화론'이라고 부르기도 합니다.

물론 사자의 위협에서 피하는 방법은 빨리 달리는 것 말고도 많이 있습니다. 두툼한 털이 피부를 덮고 있으면 사자의 발톱에 상처를 잘 입지 않고, 머리에 큰 뿔이 나 있으면 사자와 맞서 싸울 수도 있지요. 그래서 어떤 영양들은 북슬북슬한 털을 갖거나, 큰 뿔을 갖는 쪽으로 진화했습니다.

이런 것은 그저 갖고 싶다고 해서
저절로 생기는 것이 아닙니다.
털이나 뿔을 가진 영양은 옛날에도 있었지만
그 수가 많지는 않았는데, 이들은 다른 영양보다
살아남을 기회가 많아서 자신을 닮은 새끼를
많이 낳았기 때문에 널리 퍼지게 된 것입니다.
이처럼 아프리카의 영양들은
오직 자연에서 살아남기 위해 세월이 흐를수록
다양한 모습으로 변해 왔지요.
갈라파고스섬의 핀치새들이
다양한 부리를 갖게 된 것과 같은 원리입니다.

그렇다면 사람은 어떤 과정을 거쳐 진화했을까요?
다윈은 《종의 기원》에서 사람에 관한 이야기를 한마디도 하지 않았다가,
1871년에 《인간의 유래》라는 책을 쓰면서
"사람은 원숭이와 비슷한 동물에서 지금과 같은 모습으로 진화해 왔다"고
주장했습니다. 그런데 진화론에 반대하는 사람들이 이 말을 오해하는 바람에
다윈은 큰 비난을 받게 됩니다.

다윈의 말은 원숭이가 사람으로 변했다는 뜻이 아니라,
갈라파고스의 핀치새가 여러 종류로 갈라진 것처럼
옛날에 살았던 한 조상으로부터 사람과 원숭이, 고릴라가 갈라져 나왔다는 뜻이었습니다.
그러나 진화론을 처음부터 기분 나쁘게 생각했던 사람들은
"다윈은 인간의 조상이 원숭이라고 주장한다"며 다윈을 깎아내렸습니다.
다윈의 얼굴에 원숭이의 몸을 그려 넣은 우스꽝스러운 그림이 퍼지기도 했지요.

사람들이 진화론을 오해해서 일어난 사건은 또 있습니다.
제2차 세계 대전을 일으킨 독일의 정치가 아돌프 히틀러는
진화론을 너무 굳게 믿어서 진화론의 핵심인 '자연 선택'을 사람에게 적용했습니다.
그는 강한 사람이 약한 사람을 지배하는 건 자연의 법칙이라고 주장했는데,
여기서 강한 사람은 독일인이고, 약한 사람은 유태인˙을 뜻하는 말이었지요.
결국 히틀러는 유태인 수백만 명을 죽이고 자신도 비참한 최후를 맞이했습니다.

● **유태인**  고대 유다 왕국이 멸망한 후 세계 각지에 흩어져 살아온 민족.
독일인의 대부분을 차지하는 게르만족과 다르다는 이유로 많은 괴롭힘을 당했지요.

이것은 사람이 과학을 핑계로 나쁜 짓을 저지른 최초의 사건이었습니다.
자연에서 일어난 문제는 과학으로 해결할 수 있지만,
사람들 사이에서 일어난 문제를 과학으로 해결하는 것은 매우 위험합니다.
진화론은 지구의 생명체들이 어떤 변화를 겪어 왔는지 알려 줄 뿐,
사람의 가치를 평가하는 이론이 아니기 때문입니다.

그러나 뭐니 뭐니 해도 진화론을 가장 싫어했던 사람은
수천 년 동안 이어져 내려온 종교를 믿는 사람들이었습니다.
대부분의 종교에서는 인간을 '신에게 선택받은 특별한 생명체'라고 주장하지만,
다윈의 진화론은 '사람이나 동물이나 똑같은 생명체'라는 생각에서 출발합니다.
하긴, 내가 다람쥐하고 다를 것이 없다고 생각하면
살짝 자존심이 상하는 것 같습니다.

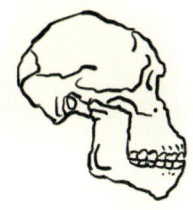 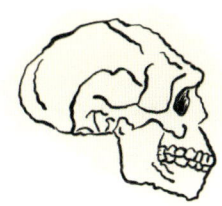 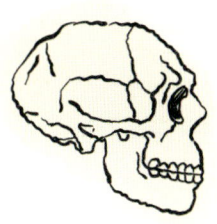 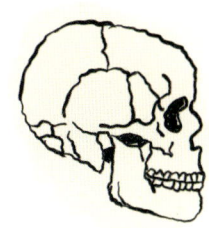

그러나 땅속에서 발견된 화석과 지금 우리의 몸을 비교해 보면
사람은 약 100만 년 전부터 조금씩 환경에 적응하면서
지금과 같은 모습으로 진화해 온 것이 거의 확실합니다.
여러분의 생각은 어떤가요?
사람이 만물의 영장이 된 것이 처음부터 영장으로 태어났기 때문일까요?
아니면 다른 동물보다 진화를 잘해서 영장이 된 것일까요?
이 문제는 지금도 뜨거운 논쟁거리로 남아 있답니다.

《종의 기원》이라는 책이 날개 돋친 듯 팔리자
다윈은 '세상에서 제일 위험한 사람'이 되었습니다.
그러나 다윈은 진화론을 반대하는 사람들이 어떤 비난을 하건
아무런 대꾸도 하지 않고 자신의 연구에만 집중했지요.
그가 죽는 날까지 관심을 가졌던 생명체는 다름 아닌 '지렁이'였습니다.

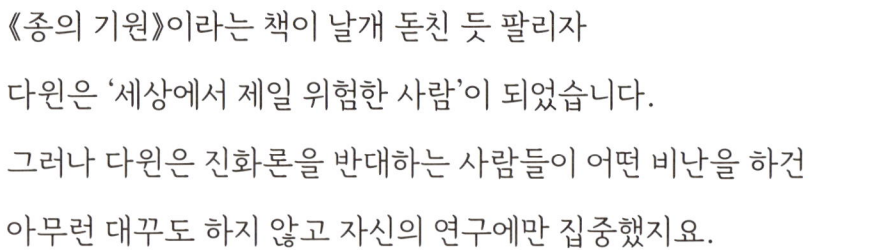

다윈은 세상을 떠나기 1년 전에

지렁이가 건강하게 자라야 땅의 영양분이 풍부해진다는 사실을 알아냈습니다.

사람들이 하찮게 여겨 왔던 지렁이가 사실은

땅을 기름지게 만들고 곡식을 키우는 일등공신이었던 것입니다.

흔히 사람들은 진화라고 하면 '먹고 먹히는 경쟁'을 떠올리지만,

생명체들은 생존을 위해 서로 돕는 '협동 작전'을 펼치기도 합니다.

지렁이가 사람을 먹여 살리고, 벌이 꽃의 번식을 돕는 것처럼 말이지요.

이처럼 진화의 진정한 의미는 남을 해치는 것이 아니라,

다양한 생명체가 서로 도우며 살길을 찾아가는 것입니다.

그러나 생명체의 변신이 항상 성공한 것은 아닙니다.
과학자들이 땅속에서 발견한 화석을 관찰해 보니,
놀랍게도 지난 수십억 년 동안 지구에 살았던 생명체 중
무려 99퍼센트가 멸종한 것으로 밝혀졌습니다.
100가지 생명체 중 단 한 종류만 지금까지 살아 있다는 뜻이지요.
그러니까 지금 우리 주변에 있는 모든 동물과 식물은
무려 100대 1의 경쟁을 뚫고 살아남은, 질기고 질긴 생명체인 셈입니다.

그런데 여기에는 섬뜩한 이야기가 숨어 있습니다.

지구에 사람이 등장하기 전에는 한 종류의 생명체가 멸종할 때까지 50만 년이 걸렸는데

사람이 등장한 후에는 거의 한 달에 하나꼴로 생명체가 멸종했다고 합니다.

물론 이 모든 것이 사람의 책임은 아니겠지만,

진화의 기본인 '협동'을 무시하면 인간도 언젠가는 위험한 상황에 몰릴 수 있습니다.

그래서 우리는 멸종 위기에 처한 동물과 환경을 보호해야 하는 것입니다.

뉴턴이나 아인슈타인의 이론은 과학자가 아니면 이해하기가 아주 어렵습니다.
반면에 다윈의 《종의 기원》은 누구나 이해할 수 있는 글로 쓰였기 때문에
과학자가 아닌 사람도 한 번만 읽으면 얼마든지 자신의 의견을 주장할 수 있지요.
그래서 진화론은 어떤 과학 이론보다 많은 논쟁을 불러일으켰습니다.
그만큼 진화론이 우리 사회에 많은 영향을 미쳤다는 뜻이기도 합니다.

앞으로도 누군가 반대하는 목소리를 아무리 높여도 다윈의 진화론은 우리가 어디서 왔고 어디로 가는지를 말해 주는 최고의 과학 이론으로 남을 것입니다.

다윈이 진화론을 주장할 때, 자신도 모르는 사실이 하나 있었습니다.
생명체가 환경에 적응하면서 살아남기 좋은 쪽으로 진화하려면
부모가 가진 능력이 후손에게 전달되어야 합니다.
자식이 부모를 닮는다는 것은 다윈 시대 사람들도 알고 있었지만,
그 이유를 아는 사람은 아무도 없었습니다.

그 후 생물학자들은 모든 생명체가 아주 작은 '세포'로 이루어져 있음을 알아냈고,
자식이 부모를 닮는 '유전'의 비밀이 세포 안에 숨어 있다는 것도 알아냈습니다.
그 덕분에 진화론은 더욱 확실한 이론으로 자리 잡게 되었지요.
19세기 말에 등장한 유전학은 '생명의 비밀을 푸는 열쇠'로 불리면서
생물학에 또 한 번 커다란 변화를 일으키게 됩니다.

# 180년 만에 풀린 핀치새의 비밀

다윈은 1835년에 갈라파고스섬에서 핀치새의 부리가
여러 가지 모양이라는 것을 관찰하고 진화론의 실마리를 떠올렸습니다.
그 후로 핀치새는 진화론을 상징하는 동물로 알려졌지요.
진화론을 믿는 사람은 핀치새를 이용해서 진화론을 증명했고,
진화론을 반대하는 사람들도 핀치새를 이용해서 진화론은 거짓말이라고 주장했답니다.
이 논쟁은 지금까지도 계속되고 있지요.
진화론에 반대하는 사람들은 이렇게 주장합니다.
"나무 속에 있는 벌레를 쪼아 먹기 위해서 핀치새의 부리가 저절로 길어졌다는 건
말이 안 된다. 사람의 키가 커지고 싶다고 해서 저절로 커지는가?"
그러나 이것은 잘못된 생각입니다. 부리가 긴 핀치새를 예로 들어 볼까요?
진화론에 의하면 핀치새의 부리는 '길어지고 싶어서' 길어진 것이 아닙니다.
처음에는 부리가 길고 짧은 새들이 다양하게 섞여 있었는데,
이들 중에서 부리가 긴 새들이 먹이를 찾는 능력이 더 뛰어나서 더 많이 살아남았고,
이들이 후손을 더 많이 낳아서 지금처럼 부리가 긴 새들만 남게 된 것입니다.

게다가 이제는 확실한 과학적 증거도 있습니다.
지난 2015년에 스웨덴의 과학자들이 부리 모양이 다른
갈라파고스 핀치새 120마리의 유전자를 일일이 분석한 끝에
'모든 핀치새는 90만 년 전에 하나의 조상에서 갈라져 나왔다'는 사실을 알아냈습니다.
다윈 시대에 없었던 유전자 기술을 이용하여 진화론이 옳았음을 증명한 것이지요.
다윈이 이 소식을 듣는다면 무척 기뻐할 것 같네요.
스웨덴 과학자들의 연구 결과는 다윈의 생일인 2월 12일에 맞춰
〈네이처〉라는 학술지에 발표되었답니다.

**각기 다른 부리 모양을 가진 갈라파고스 핀치새**

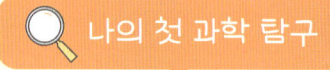 나의 첫 과학 탐구

# 공룡은 왜 사라졌을까?

환경에 적응하지 못한 생명체는 '자연 선택'이라는
냉혹한 법칙에 따라 멸종될 수밖에 없습니다.
그런데 가끔은 적응을 잘했는데도 억울하게 멸종당할 수 있지요.
공룡이 바로 그랬습니다. 지금으로부터 약 6500만 년 전,
폭이 10킬로미터나 되는 커다란 운석이 멕시코의 유카탄반도 근처에 떨어졌습니다.
그 바람에 엄청난 지진과 해일이 일어나 그 지역의 생명체가 순식간에 사라졌고,
산산이 부서진 운석 가루와 땅에서 날린 먼지가 공기에 섞여 퍼지면서

**운석 충돌이 일어났던 시기를 상상해서 그린 그림**

태양을 가리는 바람에 지구 전체가 갑자기 추워졌지요.
햇빛이 없으니 식물이 자라지 못하고, 식물이 없으니
초식 동물이 굶어 죽고, 초식 동물이 없으니 육식 동물도 굶어 죽고…….
결국은 지구의 제왕이었던 공룡도 멸종했다고 합니다.
특히 대부분의 공룡은 덩치가 컸기 때문에 식량이 몹시 부족했을 겁니다.
물론 운석 하나 때문에 지구상의 공룡이 모두 죽지는 않았겠지만,
심각한 타격을 입은 것은 분명한 사실입니다.
수억 년 동안 지구의 환경에 열심히 적응해서 생명체의 챔피언이 되었는데,
어느 날 갑자기 우주에서 날아온 날벼락을 맞고 멸종당했으니 참 억울했을 것 같네요.
이 난리 중에 살아남은 쥐, 다람쥐, 두더지 등 조그만 설치류가
지금의 인간으로 진화했답니다. 만일 그때 운석이 떨어지지 않았다면,
오늘날 '만물의 영장'이라는 자리는 사람이 아닌 공룡이 차지했을 겁니다.

**공룡 화석을 발굴하는 모습**

**박물관에 전시된 공룡 화석들**

## 글 박병철

연세대학교 물리학과를 졸업하고 한국과학기술원(KAIST)에서 이론물리학 박사 학위를 받았습니다. 30년 가까이 대학에서 학생들을 가르쳤으며 지금은 집필과 번역에 전념하고 있습니다. 어린이 과학동화 《별이 된 라이카》, 《생쥐들의 뉴턴 사수 작전》, 《외계인 에어로, 비행기를 만들다!》를 썼습니다. 2005년 제46회 한국출판문화상, 2016년 제34회 한국과학기술도서상 번역상을 수상했으며, 옮긴 책으로는 《페르마의 마지막 정리》, 《파인만의 물리학 강의》, 《평행우주》, 《신의 입자》, 《슈뢰딩거의 고양이를 찾아서》 등 100여 권이 있습니다.

## 그림 김고은

독일 부퍼탈 베르기슈 대학교에서 시각 디자인을 공부했습니다. 생각의 물꼬를 터 주는 그림을 어린이 책에 선보이고 있습니다. 쓰고 그린 책으로 《끼인 날》, 《우리 가족 납치 사건》, 《조금은 이상한 여행》, 《딸꾹질》이 있으며, 그린 책으로 《말하는 일기장》, 《수상한 칭찬통장》, 《거인이 제일 좋아하는 맛》, 《콩알 아이》, 《엄마의 걱정 공장》, 《내 몸이 제멋대로 움직여》 등이 있습니다.

---

나의 첫 과학책 8 — **다윈의 진화론**

1판 1쇄 발행일 2023년 2월 27일

**글** 박병철 | **그림** 김고은 | **발행인** 김학원 | **편집** 이주은 | **디자인** 기하늘
**저자·독자 서비스** humanist@humanistbooks.com | **용지** 화인페이퍼 | **인쇄** 삼조인쇄 | **제본** 영신사
**발행처** 휴먼어린이 | **출판등록** 제313-2006-000161호(2006년 7월 31일) | **주소** (03991) 서울시 마포구 동교로23길 76(연남동)
**전화** 02-335-4422 | **팩스** 02-334-3427 | **홈페이지** www.humanistbooks.com
**사진 출처** 갈라파고스 핀치새 ⓒ Peter Wilton (왼쪽 위) / ⓒ Mike Comber (왼쪽 아래) / Wikimedia Commons / CC BY-SA 4.0
공룡 화석 발굴 현장 ⓒ UNED Universidad Nacional de Educación a Distancia / Wikimedia Commons / CC BY-SA 4.0

글 ⓒ 박병철, 2023   그림 ⓒ 김고은, 2023
ISBN 978-89-6591-483-9 74400
ISBN 978-89-6591-456-3 74400(세트)

- 이 책은 저작권법에 따라 보호받는 저작물이므로 무단 전재와 무단 복제를 금합니다.
- 이 책의 전부 또는 일부를 이용하려면 반드시 저작권자와 휴먼어린이 출판사의 동의를 받아야 합니다.
- **사용연령 6세 이상** 종이에 베이거나 긁히지 않도록 조심하세요. 책 모서리가 날카로우니 던지거나 떨어뜨리지 마세요.